JN044868

～病気にならない猫の飼い方～

ころばぬさきのねこ

獣医師　伊藤裕行

フローラル出版

はじめに 

世界で初めての猫の人間との関わりは約9500年前であり、中東でのリビアヤマネコが家畜化されてからと言われています。日本では6世紀頃の奈良時代に、中国から仏教が伝わる際に経典をネズミから守るために、船で一緒に渡来したという説が有力でした。現在では、長崎県のカラカミ遺跡で弥生時代のイエネコの骨が見つかり、およそ2100年前から人間との共存の可能性が示唆されています。

猫の先祖の毛色はキジトラ一種類でしたが、共存する人間に好まれるためにさまざまな色や柄に変化していったとの説があります。また、人間に飼育されるために鳴き声も高くなり、より人間に気づいてもらうためのアピール方法も進化したともいわれています。

本書は、なにごとにも猫ファーストに仕上げています。食事などの生活環境の向上と獣医療や予防の発展により、近年猫の寿命は延びていますが、病気にならずに長生きさせるためには、人間が〝かまい過ぎず、かまわな過ぎず〟を基本として対応してあげるのが極意と私は考えています。

初めて猫を飼育される方も、今までに猫を飼育されたことがある方も、また、犬好きの方も、すべての人に読んでいただければ幸いです。

〝猫の舌は何故ザラザラしているの？〟などの猫にまつわる疑問はたくさんあります。この本では、このような疑問に〝フワッ〟と〝真面目に〟お答えしています。

ちなみに、猫の舌にある突起は糸状乳頭と呼ばれ、グルーミング時のクシ代わりとなります。また、自然界の猫科動物では、獲物を食べるときに骨についた肉を削ぎ落とすのに役立ちます。私は以前とあるサファリパークにて、子ライオンを抱っこして写真撮影ができるイベントに参加しました。このときに獣医師という職業柄でしょうか、ライオンの糸状乳頭も見てみたいと思い、チャレンジしましたが、〝口を触るのは危ないですよ！〟とスタッフさんに注意され断念しました。

猫が主人公として綴られている、かの有名な小説の著者である夏目漱石は、実は〝犬派〟だったことは驚きですが、萩原朔太郎や中原中也、谷崎潤一郎、三島由紀夫、村上春樹、ルーシー・モード・モンゴメリー、ヘミングウェイなどは、猫を溺愛した作家として有名です。私も彼らにあやかって猫好きをアピールしていきたいと思います。

〝ネコ道は永く、ニャン生は短し〟、ともに生活できる時間を大切なものにしていただくために作り上げた本であり、みなさまのお力になる１冊です。

伊藤裕行

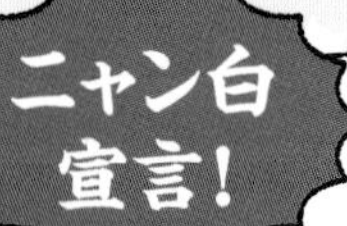

一緒に暮らすための猫のお言葉10

５年奉仕したら、
撫でさせてあげる
2

これじゃニャイ！
私が身に着けるのは
高級ブランドと
決めてますの

3

4
ハァー？
今日、動物病院って
初耳なんですけど！

俺より先に
寝てはいけない。
俺より後に
起きてはいけない。
5

今から推しの斉田さんの
天気予報始まるから、
邪魔せんといてな。
6

8
アザース！
マタタビしか勝たん!!

7
スマホばっか
見てないで、
私と遊ばんかい！

9
トイレ汚なー…
使われへんわ

10
俺のお腹のニオイを
鼻で吸うな！

もくじ

PART 3
猫と人の健康で幸せな生活

PART 4
病気やケガの予防と対策

PART 5

老齢期の猫との過ごし方

巻末付録

獣医さんに聞きたいQ&A

取材協力　工藤美保（一般社団法人どうぶつ予防医療協会代表理事）

編集　丸山美紀（アート・サプライ）

デザイン　山﨑恵（アート・サプライ）

新しい家族との出会い方

1 保護猫の里親になる

保護猫って？

さまざまな事情で飼い主と一緒に住むことができなくなってしまった子がたくさんいるんだ。生まれたばかりから高齢まで、いろんな子がいるよ。

保護猫と出会える場所

譲渡会

保護猫団体などが場所や
日時を決めて開催し、
お家のない猫との出会いの
橋渡しをしてくれる。

動物愛護センター

各都道府県や市区町村にあり、
保護した飼い主のいない
動物の里親募集を
行っている。

動物病院

保護された猫を一時預かり、
里親探しを行う動物病院も
ある。

保護猫カフェ

保護猫団体などが運営する
カフェで里親を探している
猫たちと触れ合える。

マッチングサイト

里親を探している猫の情報が
たくさん掲載されている
WEBサイトやアプリが
ある。

新しい家族がくる前に確認しておきたいこと

- ボクが楽しく暮らせるお部屋がある？
- 家族にボクのことが嫌いな人はいない？
- 一人ぼっちになる時間が長いのはイヤだよ！

トライアルで一緒に暮らしてみる

この先ずっと一緒に暮らしていけるかを判断するために
トライアル期間（2週間～1カ月ほど）が設けられているんだ。
新しいお家の住み心地はどうかな？

新しいお家で
気持ちよく暮らせるか
ニャー

お部屋は
気に入った？

家族みんなと
仲良くなれた？

健康で
過ごせた？

歳も種類も
いろんな子がいるニャ

子猫・成猫・老猫はどう違う？

子猫（～1歳）

いっぱい遊んでくれれば
すぐに仲良くなれるニャ！

成猫（1歳半～9歳）

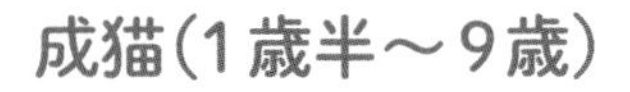

ボクの性格や好きなものや
嫌いなもの、覚えてニャ！

老猫（10歳～）

病気になったり自分で
できニャいこともあるからよろしくニャ！

オス・メスでどう違う？

オス（男の子）

- 人懐っこくて甘えん坊
- やんちゃで好奇心が旺盛
- 左利きの子が多い

あなたのこと
好きじゃないけど
嫌いでもニャいわ
メス（女の子）
●自由気ままでおっとり
●警戒心が強くて
ちょっと神経質かも
●右利きの子が多い

長毛種・短毛種はどう違う？

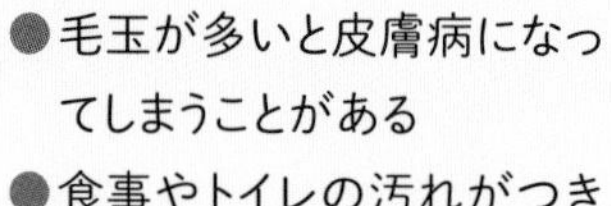

長毛種の特徴

- 穏やかでのんびりしている子が多い
- 毛玉が多いと皮膚病になってしまうことがある
- 食事やトイレの汚れがつきやすいので注意が必要

短毛種の特徴

- やんちゃで遊び好きの子が多い
- 長毛種よりもブラッシングの回数は少なくてすむ
- 寒がりの子が多くて風邪をひきやすいかも

毛色や模様でどう違う？

黒

人懐っこくて
甘えん坊。

白

警戒心が強く
おとなしい。

グレー

穏やかだが神経質な
ところも。

三毛

賢く気分屋で
自由気まま。

黒白・黒グレー（黒が多い）

マイペースで人懐っこい。

白黒・白グレー（白が多い）

気が強く攻撃的なところも。

キジトラ

警戒心が強いが
甘えん坊な子も。

サバトラ

慎重な性格で
警戒心が強い。

茶トラ

穏やかで人懐っこく
甘えん坊。

PART 1　新しい家族との出会い方

保護猫の里親になる

2 迷子の子猫と出会ったら

お母さんと
はぐれちゃった。
お家に連れてって
ほしいニャー

お母さんのかわりを探しているのかも

親猫とはぐれてしまったり捨てられた猫はお腹もすいているし不安なんだ。「お家に連れてって」と鳴きながらついてくる子もいるよ。

見つけたらすぐに確認すること

近くに母猫がいないか

少し離れた場所でしばらく様子をみよう。お母さんが姿を現すかもしれない。

体が弱っていないか

元気に鳴いたり動いたりしているかな。体温が低そうならタオルや毛布でくるんであげて。

汚れていないか

ずっと外にいたから体が汚れているかも。汚れていたらぬるま湯で洗ってしっかり乾かして。

まだ目が開いていないほどの
赤ちゃん猫の場合は
自分でウンチやおしっこができないから、
すぐに病院に連れて行ってあげて。

動物病院に連れていく

元気そうに見えたとしても、
感染症にかかっている可能性も。
健康状態の確認のために、
必ず動物病院で診察してもらおう。

3 ペットショップで出会う

お店で待ってる
ボクたちにも会いに来て。
でも衝動買いは厳禁ニャ！

ペットショップで購入するときは

ペットショップでは純血種と出会えるよ。トライアル期間もなく、お金を出せばだれでもすぐに連れて帰れる。でも本当に連れて帰って大丈夫か、よーく考えようね。

1歳の猫は人間に換算すると18歳

猫の成長はとても早く、人間の年齢に換算すると、生まれて1年で18歳に、1年半で20歳に達する。その後、猫の1年は人間の4年分相当で増えていく。人間の年齢に置き換えれば、「中年太りに注意」「老化が始まる」といった体のトラブルにも気づきやすい。

●猫と人間の年齢換算表

猫	人間
1カ月	4歳
2カ月	8歳
3カ月	10歳
6カ月	14歳
9カ月	16歳
1年	18歳

猫	人間
1年半	20歳
2年	24歳
3年	28歳
4年	32歳
5年	36歳
6年	40歳
7年	44歳
8年	48歳
9年	52歳
10年	56歳

猫	人間
11年	60歳
12年	64歳
13年	68歳
14年	72歳
15年	76歳
16年	80歳
17年	84歳
18年	88歳
19年	92歳
20年	96歳

お家に迎えるための準備

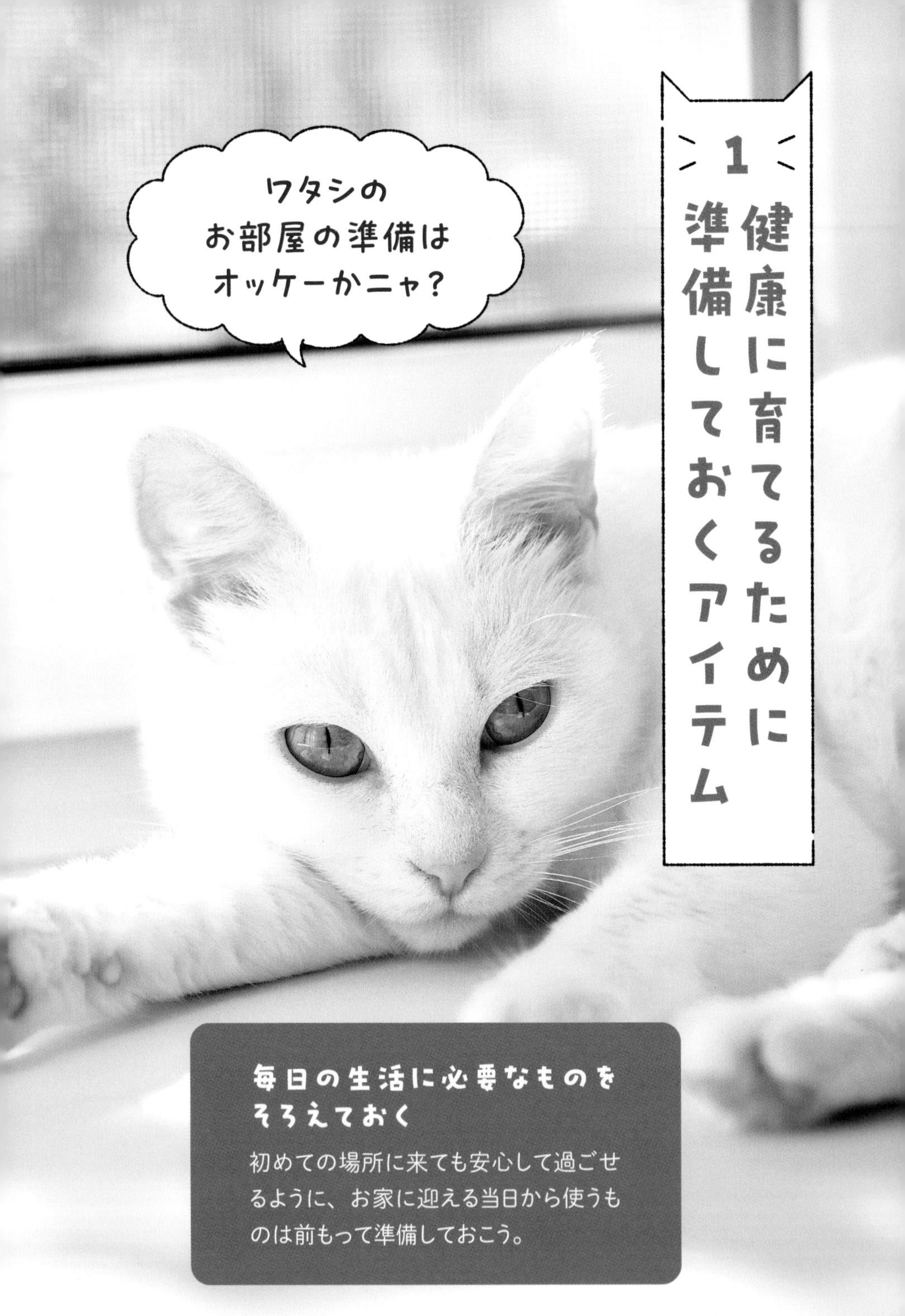

1 健康に育てるために準備しておくアイテム

毎日の生活に必要なものをそろえておく

初めての場所に来ても安心して過ごせるように、お家に迎える当日から使うものは前もって準備しておこう。

食器&キャットフード
トイレ

寝床
ケージ
キャリーケース

キャットタワー
つめとぎ

2 迎えるお部屋を整える

カーテンに登ろうとするので
爪でボロボロになるかも。
登りにくい素材のものに
替えよう。

電気ケーブルには
カバーをしておこう。

観葉植物や花の中には
猫に有害な毒をもつ
種類があるから要注意。

快適に暮らす環境をつくる

猫がお家に来ることが決まったら、猫を迎えるお部屋のチェックをしよう。猫が安心して楽しく過ごせるようにばっちり準備しておいてね。

猫はものを落とすのが好き。
壊されたくないものは
置かないようにしよう。

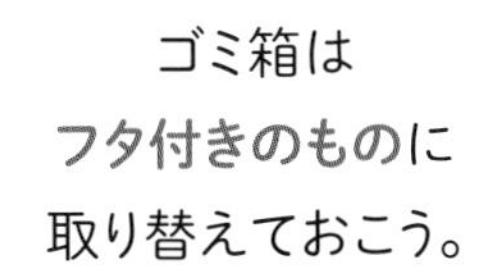

ゴミ箱は
フタ付きのものに
取り替えておこう。

ボクひとりで
ゆっくり眠れる場所を
用意してニャ!

寝床

- 床の上、高いところ、暗いところなど好きそうな場所に用意する
- 素材も形も好みがあるから、いろいろ用意して試してみる

狭くて暗いところは
落ち着くニャー

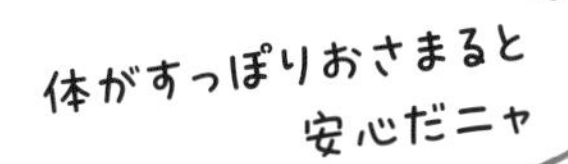

フカフカの場所があれば
それでいいニャ

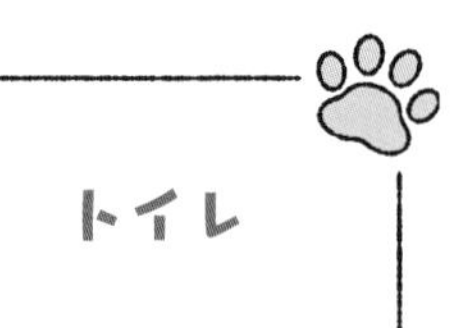

- トイレ本体と猫砂、うんちを取り除くスコップを用意する
- 猫の体長の1.5倍の広さが必要
- 屋根付きor屋根なし、砂の種類にも好みがあるからいろいろ試してみる
- いつもキレイなトイレが使えるように頭数+1個以上用意する
- こまめに掃除をする

みんなに見られないから
落ち着くニャ

ゆったり入れる大きさだと
うれしいニャ

食器

- フード用と水飲み用をそれぞれ用意して、離れたところに置く
- 部屋のあちこちに置く
- ヒゲが食器に当たるのを嫌がるので広口の食器を用意する
- 素材も好き嫌いがあるのでいろいろ用意する

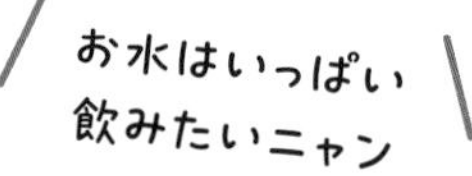

お気に入りの食器で
食べると
おいしいニャ

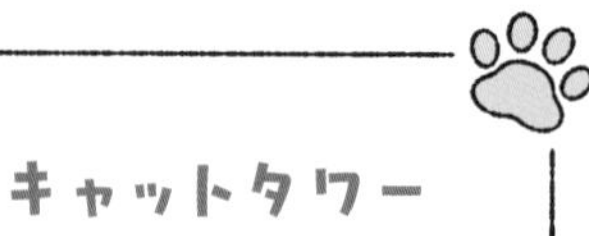

●広い場所を走り回るより、高い所に飛び乗ったり駆け下りたりするのが好き
●窓の近くにあれば高い所から外も眺められて◎
●キャットウォークもあると◎

キャットタワーから
飛び乗りたいニャ！

高い所は安心するニャン

家具の上は
大好きな場所なのニャ
窓の外を
眺めるのが
大好きニャ
コタツの中はあったかいし
落ち着くニャー

ひとりで
のんびりしたいニャ。
隠れたいときも
あるニャよ

お気に入りの場所

- 安全で落ち着けそうなスペースをいくつかつくっておく
- 猫はお気に入りの場所を自分で見つける

空になった段ボールは
ボクのものニャ!
ボクの場合キャリーケースの中が
いちばん安心ニャンだ
ケージの中にベッドがあると
最高だニャン

猫が過ごしやすい
部屋
タテ型のブラインド
フタ付きのゴミ箱
爪とぎ
キャットタワー

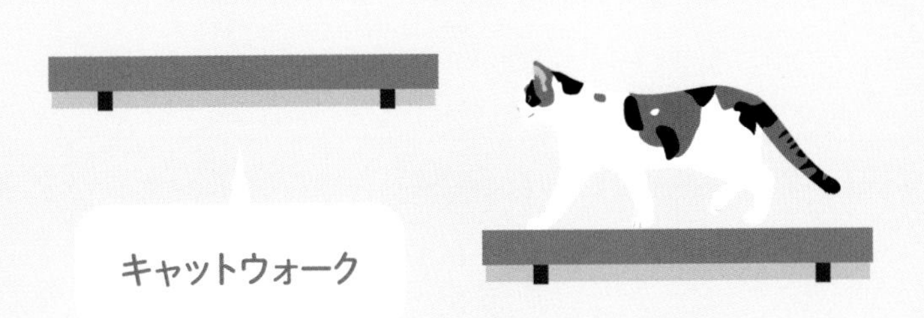
キャットウォーク

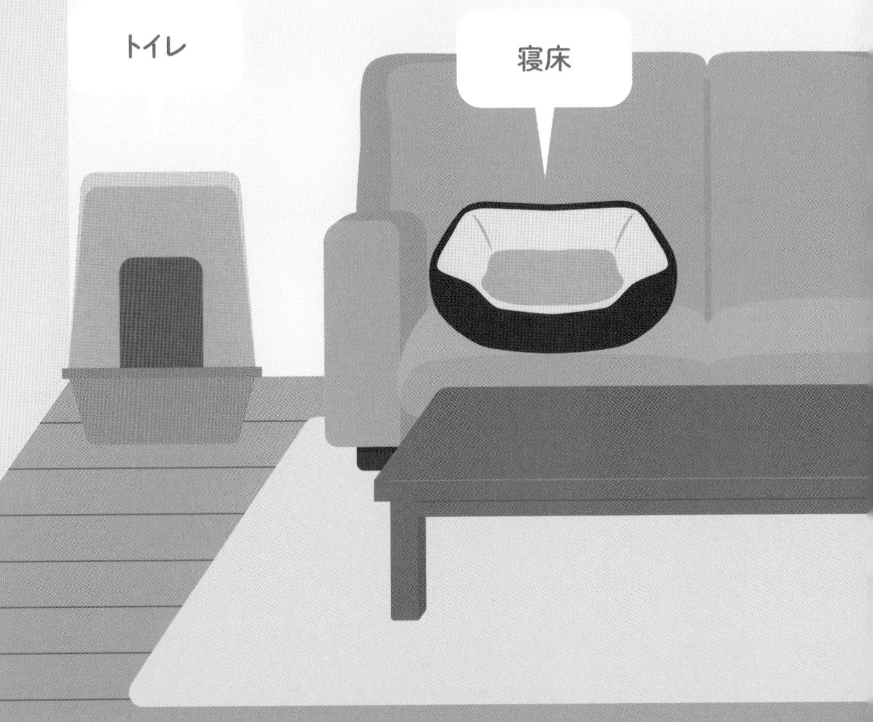
トイレ
寝床

新しい子を迎えて本当に大丈夫？

まずはトライアル期間中に相性をみよう。最初はお互い警戒していてもだんだんと慣れてくることが多いよ。どうしても仲良くなれないときは部屋を分けるようにしよう。

仲良くなれない子もいる

- 猫はハンティングが好き。小鳥やハムスターなどと一緒の部屋はダメ
- 最初は別の部屋から声だけ聞かせるなど、時間をかけて少しずつ慣らす
- 相性が悪かった場合に別の部屋が用意できるか、迎える前に確認する

猫の一生にかかるお金は約264万円

民間の保険代理店が2022年12月に実施したアンケート調査によると、猫の一生でかかるお金は平均2,646,956円。費用別トップ3は、第1位が食費（約64万円）、第2位が医療費（約46万円）、第3位が暖房費（約39万円）となっている。猫を買い始める前に経済的に問題がないか、しっかり検討しておくことが大事。

日常的にかかるお金

1,230,448円
（ひと月6,724円）

ときどきかかるお金

1,304,422円

健康診断
112,746円
ワクチン
67,856円
医療
468,419円
冷房
262,038円
暖房
393,363円

最初にかかるお金

112,086円

去勢/不妊手術
19,076円
基本グッズ
23,152円
譲渡/購入
69,858円

引用元：R&Cマガジン「猫の一生にかかるお金はいくら？食費や医療費など生涯の飼育費用を3000人調査」
https://www.randcins.jp/fin/special/cat-lifetime-cost/

猫と人の健康で幸せな生活

1日のほとんどを寝て過ごす

夜はぐっすり眠って昼間もうとうと。1日の60%は寝ているよ。猫は夜行性ではなく薄明薄暮性といって、ハンティングする動物の行動時間に合わせて早朝と夕方に活発に動くんだ。

1日の行動パターン

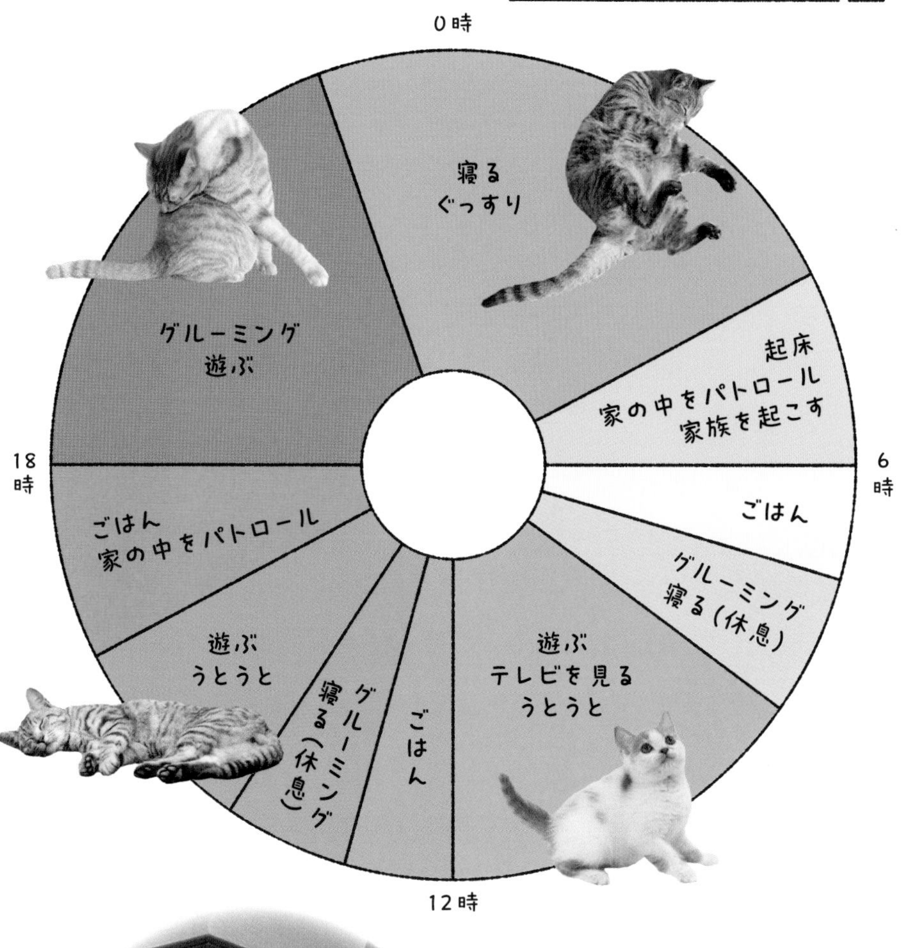

YouTubeも見るニャン

家族を起こす

お腹すいた
ニャー
ご飯まだ？

トイレ掃除して
ほしいニャン

遊ぼうよー

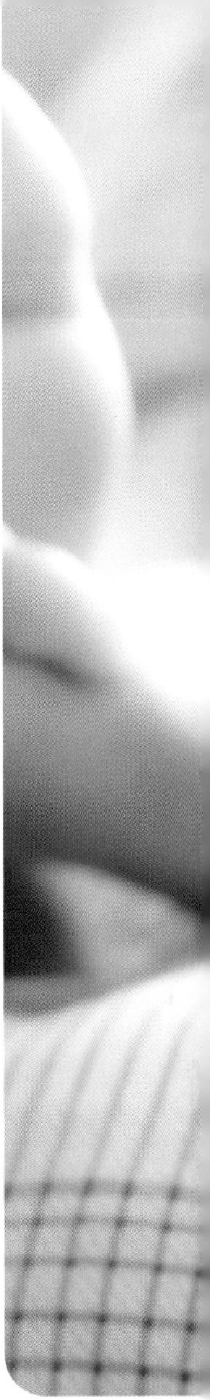

いってらっしゃーい
遊んでくれないやつは
お見送りしてやんニャイのだ
日なたで寝るのが
気持ちいいニャン

昼はマイペース

朝と夜には縄張りをパトロール

猫には自分の縄張りがあるんだ。毎日家の中を順番にチェックするよ。お気に入りの場所に自分のにおいをつけておくと安心なんだ。

壁や家具に体を
すりすりしてにおいを
つけておくニャ

あなたも
私の縄張りの
一部ニャン

環境の変化がストレスに

- においが消えていると不安になるから、ゴシゴシ掃除をしすぎない
- 部屋の模様替えをするとき一度にせず、少しずつにして猫の様子を見る
- いつもより落ち着きなく歩き回るときは体調が悪い可能性もあるから気をつけてあげる

2 猫とのコミュニケーション

遊びで信頼関係が強くなる

猫は遊んでくれる人が大好き。遊ぶことで絆が深まって、もっと仲良くなれるよ。毎日一緒に遊べば猫の運動不足解消になるし、体調の変化にも気づいてあげられるよ。

こんなおもちゃが好き

猫は動くものを追いかけるのが大好き。いろんなタイプのおもちゃがあるから、いろいろ用意して好みのものを見つけてあげよう。

猫じゃらし・釣り竿タイプ

ボール・ネズミタイプ

「狩猟ごっこ」で遊ぶ

猫は本来狩りをする動物。遊びの中でも「追いかけて捕まえる」がしたい。「捕まえる」ができないとストレスになるので、最後は必ず捕まえさせてあげよう。

レーザーポインターの光は捕まえることができないので、最後はおやつをあげて「捕まえて」終わりにしよう。

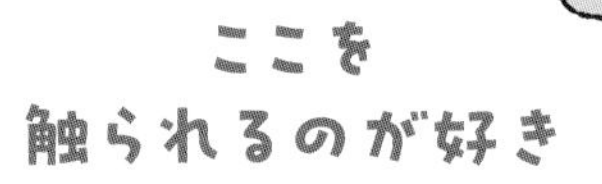

ここを触られるのが好き

猫はフェロモンが分泌される場所をなでられるのが好き。自分でなめることができないところを触ってあげると喜ぶよ。

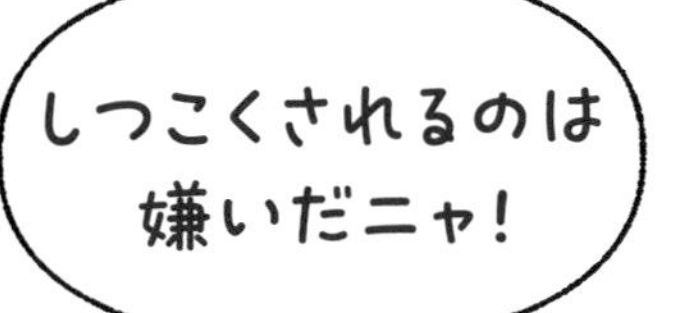

しつこくしすぎないように注意

あまりしつこく触るのは禁物。ストレスで脱毛症になってしまう猫もいる。嫌がる前に切り上げよう。そもそも猫と信頼関係が築けていなければ、なかなか触らせてはもらえないよ。

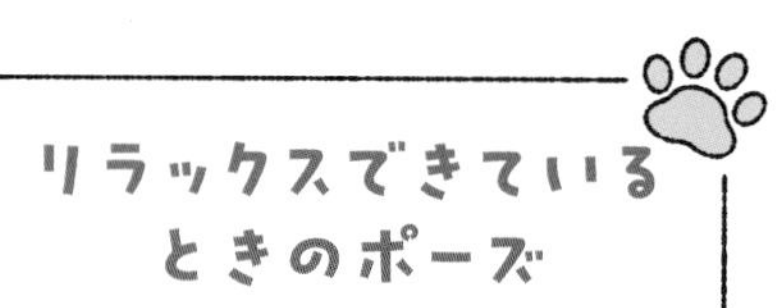

リラックスできているときのポーズ

猫が無防備な体勢でいるのはリラックスできている証拠。できていないときは何かに警戒していたり体調が悪かったりしているかもしれないよ。

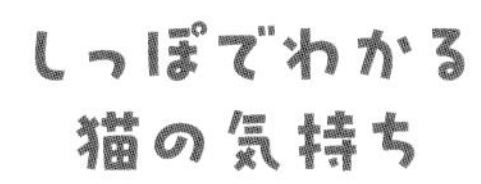

真上にピーンと立つ

不安

後ろ足の間に巻き込む

怖い・怒り

毛が逆立ってふくらむ

イライラ

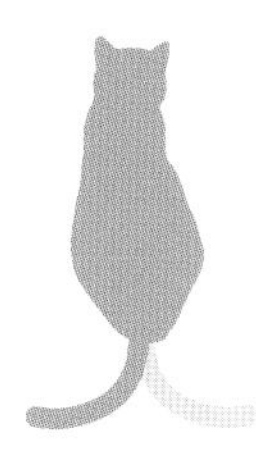

横に振りつつパタパタと
床にたたきつける

鳴き声でわかる猫の気持ち

ニャー

お願い！

お腹がすいたときや
遊んでほしいときの
おねだりの声。

ニャ！

やあ！

家族へのあいさつや
名前を呼ばれたときの返事。

ウニャウニャ

おいしい！

ごはんがうれしくて
ご機嫌なときの声。

シャーッ！

あっちいって！

気に入らない相手を
追い払うための声。

ギャッ

痛い！

急な痛みを感じたときの声。
ケガをしている可能性がある。

ゴロゴロ（高い）

ごきげん♪

気持ちいいときに
喉を鳴らす音。

ゴロゴロ（低い）

不安だなー

気持ちを落ち着かせようとして
喉を鳴らす音。
体調が悪い可能性がある。

ヒゲ・耳でわかる猫の気持ち

リラックス

耳は自然な感じで前を向き、
ヒゲは下向き。

うれしい

耳はピンと前を向き、
ヒゲは上向き。

ご機嫌ななめ

耳は横に反るように平らになり、ヒゲは顔にはりつくように後ろ向き。

怖い

耳は後ろ向きにたたまれ、ヒゲは顔にはりつくように後ろ向き。

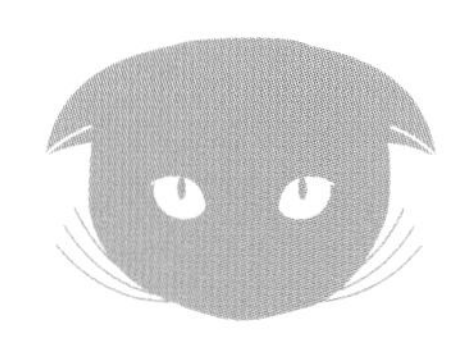

猫の習性を理解して導くことが大切

猫は人を困らせようとして悪さをするわけではないんだ。人間にとって都合が悪いことも、猫にとっては普通のふるまい。一緒に仲良く暮らすため、猫が困った行動をしないように上手に導こう。

トイレを教える

猫は砂があればトイレと理解するから、猫砂の上にのせてあげればすぐに覚えるよ。

トイレが上手にできないときは

人が教えなくても、猫は本能で砂を掘り、排泄したら砂をかけるという行動をする。砂をかけずにすぐにとび出てきたり、トイレの外で排泄したりしてしまうなら、トイレが気に入らないのかも。

- ●場所がイヤ
- ●砂が好みじゃない
- ●ニオイがイヤ
- ●トイレの広さが足りない

ちゃんと
掃除してニャ

爪とぎ対策をする

爪をとぐのも猫の本能。爪は狩りの道具だからお手入れをしているんだ。壁や家具がボロボロになってしまうけれど、爪とぎをやめることはできないから、お互いのストレスにならないように、上手に対策をたてていこう。

爪とぎ被害を防ぐ方法

- 爪とぎグッズを用意する
- 壁や家具、ソファなどに爪とぎ防止シートを貼る
- 傷つけられたくない物は別の部屋に置く
- フェロモン製剤を使用する

爪とぎグッズ

タテ置き型やヨコ置き型、素材も段ボール、麻、綿などがあるから、いろいろ試して好みのタイプを見つけてあげよう。

爪を切ってあげる

ツメが鋭くとがっていると、壁や家具を傷つけるだけでなく、人を傷つけてしまったり、猫自身がケガをすることも。1カ月に1回程度、爪を切ってあげよう。

ピンク色のところは血が出るから切らないでニャ!

歯みがきに慣れる

歯みがきは毎日するのがおすすめだけど、ほとんどの猫は歯みがきが嫌い。少しずつ慣らしていこう。

歯みがきは
苦手だニャー

ヤダ！って言ったら
すぐにやめてニャ

猫にシャンプーは必要？

猫は自分で毛づくろいをして清潔を保つから、基本的にシャンプーの必要はない。長毛で毛玉ができやすかったり、老齢でグルーミングができなくなったりした猫にはブラッシングとシャンプーをしてあげて。

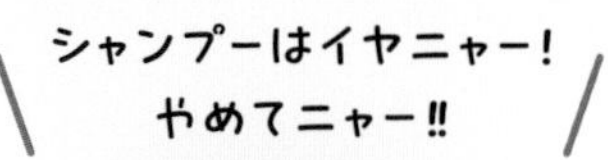

動物病院で相談する

攻撃行動が頻繁に起こる場合は、動物病院で相談しよう。攻撃行動には必ず原因があるので、環境を整えてあげることでおさまることも。投薬治療をすすめられる場合もあるよ。

攻撃行動への対処

猫が噛みついたりしたとき、大きな声で叱ったり叩いたりすると逆効果。その人のことが嫌いになり近づかなくなったり、余計に攻撃するようになる。無言ですっとその場から離れよう。

4 健康に暮らすための食事

必要な栄養素をバランスよく

猫がずっと健康でいられるために、食生活はとても大事。栄養バランスが崩れると大きな病気の原因となることも。必要な栄養素をバランスよく摂ることが大切だよ。

必要な栄養素

猫に必要な栄養素は、タンパク質、脂質、ビタミン、ミネラル、炭水化物。プラスたっぷりの水も欠かせない。

主食は「総合栄養食」で

市販のキャットフードで「総合栄養食」と呼ばれるものを選べば、必要な栄養素をバランスよく摂ることができる。手作りで十分な栄養を摂るのは難しいから、毎日の主食には総合栄養食を用意しよう。

キャットフードの種類

キャットフードには大きく分けてドライとウェットの２種類がある。猫の好みや健康状態で使い分けよう。

ウェットフード

- やわらか食感
- 水分補給にもなる
- １度に食べきる量しか置いておけない

ドライフード

- カリカリ食感
- 長期保存ができる
- 食器に出して長時間置いておける

「一般食」はおかずとして

「一般食」と表記されているフードは主食ではない。一般食だけを食べていると栄養が偏るので「総合栄養食」と組み合わせてあげるようにしよう。

成長に合わせた食事

猫の年齢によって必要な栄養素は変わる。ライフステージに合わせたフードを選ぼう。食事の量は猫の体重（適正体型を考慮する）によるので、パッケージの表示で確認しよう。

1日の食事の量と回数

1度にたくさん食べる猫もいれば、お腹がすいたときに少量ずつちょこちょこ食べる猫も。フードのパッケージに記載されている1日の必要摂取量が守られていれば、回数にはこだわらなくても大丈夫。

子猫

哺乳期間（生後7～8週目ぐらいまで）は母猫の母乳または子猫用のミルクを用意。歯が生え始めたら離乳食を始める。生後2カ月ぐらいからは子猫用フードに。

成猫

1歳を過ぎると成長のスピードもゆっくりになってくるので、子猫用フードから成猫用フードに切り換える。

老猫

7歳を過ぎたら健康に配慮したシニア用のフードに切り換える。ドライフードは水でふやかしやわらかくするなど、食べやすい工夫を。

猫が口にすると危険な食べ物

人の食べ物の中には猫が食べると中毒症状を起こしたり病気の原因になってしまったりするものがあるんだ。猫が誤って口にしないよう注意が必要だよ。

目の前にあったら
食べたくなるニャ

NG

ネギ類

血液中の赤血球を破壊し重い貧血を起こす。火を通したものでもNG

NG

チョコレート

下痢、嘔吐などの中毒症状のほか、異常興奮など中枢神経症状を起こすことも

NG

イカ・タコ

ビタミンB1を破壊し足腰が立たなくなるなど神経障害を起こす。加工品もNG

人が食べているものをあげない

人間が食べているものは猫にとってNGな食材が含まれていることも多いので、猫がほしがってもあげないようにしよう。

猫が好きそうなかつおぶしも、人間用のものは塩分が多いから要注意。

おやつをあげるメリット

毎日しっかり食事をとっていれば、栄養の面でおやつは必要ないけれど、猫はおやつをくれる人のことが大好き。猫ともっと仲良しになるためのコミュニケーションツールとしておやつを使おう。

栄養バランスに注意

おやつをあげすぎると栄養バランスが崩れる可能性があるので注意が必要。塩分の高いものは控え、1日の必要カロリーの2割程度の量にとどめよう。

ヤバいニャー
塩分の高そうなおやつは
おいしいのニャよ

おやつをあげるタイミング

- 隠れていた場所から出てきた、嫌いな病院に頑張って行ってきたなどの後にごほうびとして
- ねこじゃらしやレーザーポインターで遊んだ後、獲物を捕まえたのと同じ満足感が得られるように

家を留守にするときは

健康な成猫であれば、1日程度ならお留守番ができる。十分なフードと飲み水をきちんと用意してあげて。

長期間（1泊以上）留守にするときは

- ペットホテルに預ける
- ペットシッターを頼む

2回分のフードが置いてあってもいっぺんに食べずに分けて食べることが自分でできる子が多い。

設定した時間にフードが出てくる自動給餌器があると便利で安心。見守りカメラが付いているタイプもある。

水は数カ所にたっぷり用意して。

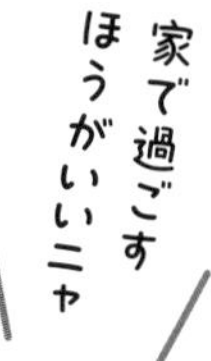

遊ぶ様子を動画で撮影しよう

猫が遊んでいるところや食事を食べている様子など、ふだんから動画をたくさん撮っておこう。かわいい姿を残しておけるのはもちろん、病気やケガのときにも役立つよ。例えばいつもと違う歩き方をしていることに飼い主が気づいたとしても、動物病院で実際に歩くところを見せるのは難しい。元気なときの様子と不調が見られる様子、両方の動画を獣医さんに見てもらえれば診療の手がかりになる。

病気やケガの予防と対策

1 猫がかかりやすい病気

早期の治療・予防が大切

猫も人と同じでさまざまな病気にかかる。早めに不調に気づいてあげられるよう、まずはどんな病気があるのか知っておこう。

その他

がん　糖尿病
肥満　猫風邪

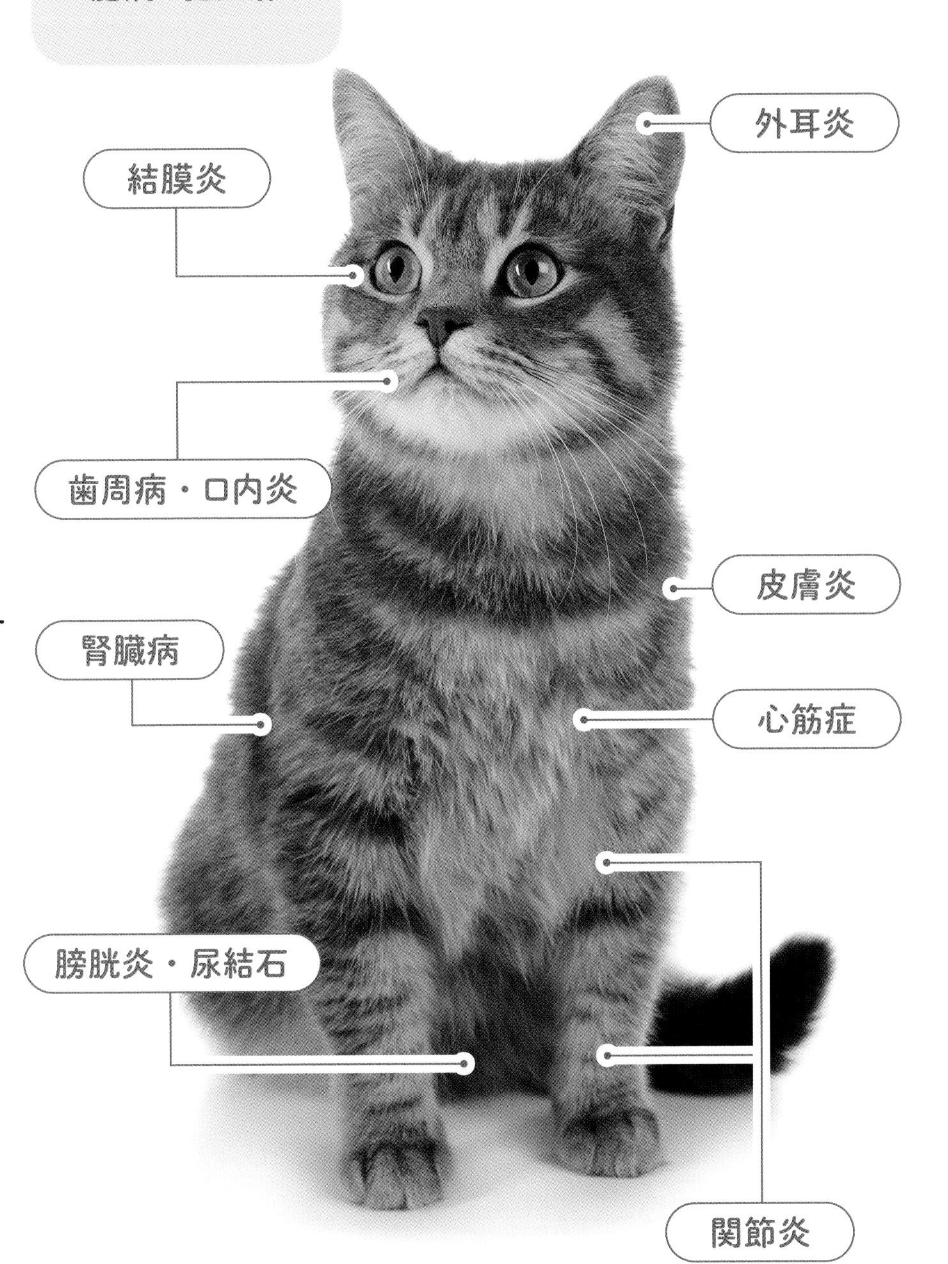

上部気道感染症（猫風邪）

症状 くしゃみ、鼻水、鼻づまり、発熱など。一度感染するとその後も体力低下時などに再発する可能性が高い。

対策 3種混合ワクチン接種での予防が可能。

下部尿路疾患（膀胱炎・尿結石など）

症状 血尿、頻尿、排尿困難、腹部の痛みなど。

対策 ストレスを与えない、水を十分に飲ませる。

甲状腺機能亢進症

症状 食欲が増したのに体重が減る、落ち着きがなくなる、攻撃的になるなど。

対策 高齢猫に多い。「怒りっぽくなった」など変化に気づいたら早めに受診する。

慢性腎臓病

症状 嘔吐、食欲不振、体重が減る、水をたくさん飲むなど。

対策 日頃から水を十分に飲ませる。

糖尿病

症状 太っていたのにやせてきた、嘔吐、水をたくさん飲む、かかとをついて歩くなど。

対策 おやつをあげすぎない、遊びで運動不足を解消する。

心筋症

症状 初期は無症状。進行すると元気がなくなる、呼吸が荒くなるなど。

対策 遺伝が関係していることが多い。定期的な超音波検査などで早期発見することが可能。

骨関節症疾患

症状 遊びが減る、高い所への上り下りが減る、足を引きづるなど。

対策 日頃の観察で様子の変化に注意する。

リンパ肉腫

症状 食欲不振、体重が減る、元気がなくなるなど。

対策 日頃の観察で様子の変化に注意する。

結膜炎

症状 目やにや涙が増える、目が充血する、しきりに目のあたりをこするなど。

対策 感染症の場合、ワクチン接種での予防が可能。多頭飼いで1頭の感染がみられた場合はすぐに隔離する。

外耳炎

症状 頭を振る、しきりに耳を掻く、耳の内側が赤くなるなど。

対策 拭き取りなどのお手入れをすることで逆に耳にダメージを与えてしまう恐れがあるので要注意。

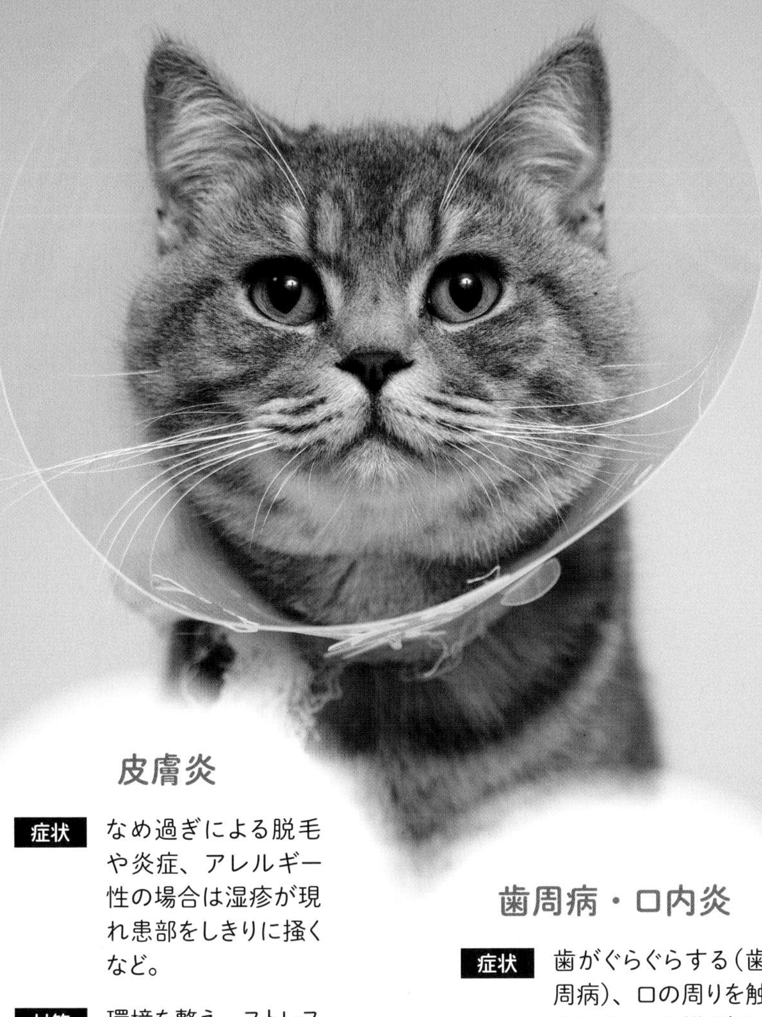

皮膚炎

症状 なめ過ぎによる脱毛や炎症、アレルギー性の場合は湿疹が現れ患部をしきりに掻くなど。

対策 環境を整え、ストレスを与えないようにする。フードが体に合っているか確認する。

歯周病・口内炎

症状 歯がぐらぐらする（歯周病）、口の周りを触られるのを嫌がる、口臭、よだれが増えるなど。

対策 日頃から歯みがきをしてあげる。別の病気が原因の場合もある。

2 健康状態をチェックする

具合が悪いことは
内緒なのニャ

猫の不調に気づいてあげる

猫は自分から「痛い」「苦しい」と言ってくることはない。むしろ、それを隠そうとするんだ。ふだんと様子が違うなど、不調のサインを見逃さないようにしよう。

行動をチェックする

毎日一緒に過ごしていれば、ふだんと違う動きに気づけるはず。少しでもおかしいと感じたら動物病院で受診しよう。

痛いとこあるけど
教えてあげニャい

歩き方が変わった

座り方が変わった

うずくまっていて動かない

しばらく話しかけ
ニャいでくれ

食事をあまり食べないときは、病気以外に原因があることも。好きなフードなのにまったく食べようとしないなど、ふだんと様子が違う場合は動物病院を受診しよう。

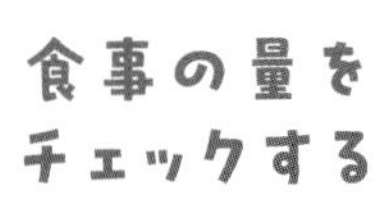

食事の量をチェックする

ぜんぜん
食べる気が
しニャい

なんで今日はボクの好きな
ご飯じゃニャいんじゃ！

病気以外で食欲がない原因

- フードが好みでない
- 食器が気に入らない
- 食器を置く場所が気に入らない

など

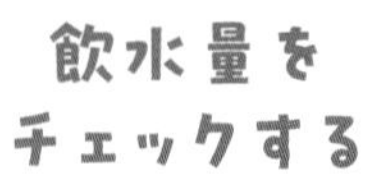

飲水量をチェックする

猫はもともとあまり水を飲まない。そのことでかかりやすい病気があるんだ。逆にふだんよりたくさん水を飲んでいるときは病気にかかっている可能性がある。日頃の飲水量を確認しておこう。

上手に水を飲ませる方法

飲水量の少なさが気になるようなら、飲んでもらえるように工夫をしてみよう。

- 器の材質を変えてみる
- 器を置く場所を増やす
- ドライフードをウェットフードに変える
- ドライフードを水でふやかしてあげる
- 水が流れるタイプの器を使う
- 運動させる

水をよく飲むようになったら疑う病気

- 甲状腺機能亢進症
- 慢性腎臓病
- 糖尿病　など

水を飲まないことでかかりやすい病気

- 尿結石
- 膀胱炎
- 慢性腎臓病　など

水を飲むのは面倒ニャ

毎日体重測定をする

抱っこして一緒に体重計に乗ってあげると測りやすいかも

体重の増減は猫の健康のバロメーターとなる。太りすぎはさまざまな病気の原因となるし、急激に体重が減ったら病気のサインかも。日頃から体重の変化を確認していれば、早めに体の不調を発見できるよ。

肥満を予防するには

フードの適正量を守り、おやつをあげすぎないようにしよう。おやつは1日の必要カロリーの2割程度で。また、運動不足も肥満の原因になるので、遊びを取り入れて運動量を増やそう。

肥満は心臓や関節にも負担がかかり、糖尿病のリスクも高まる。一方、食べる量は変わらないのにやせていく場合は甲状腺の病気の可能性がある。

見て触れて肥満度チェック

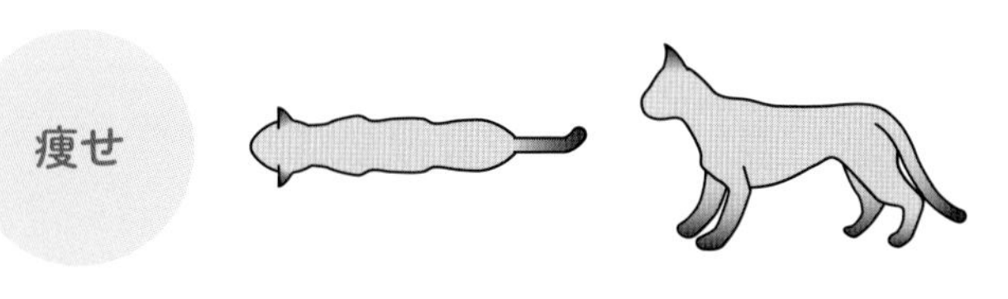

見た目で肋骨や骨盤の形がわかる。横から見るとお腹がへこんでいる。

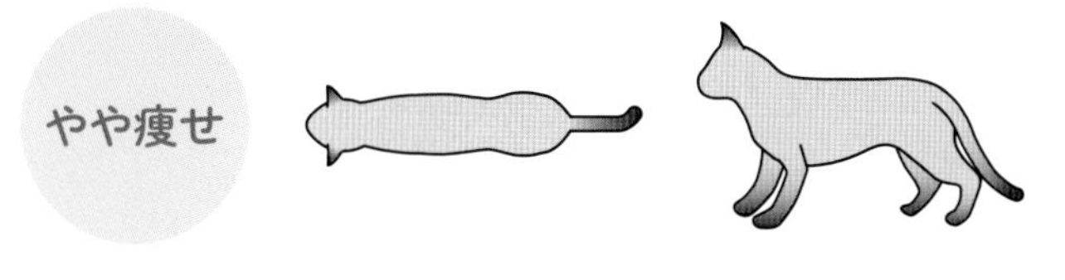

わき腹をなでると肋骨や腰骨が確認できる。お腹が少しへこんでいる。

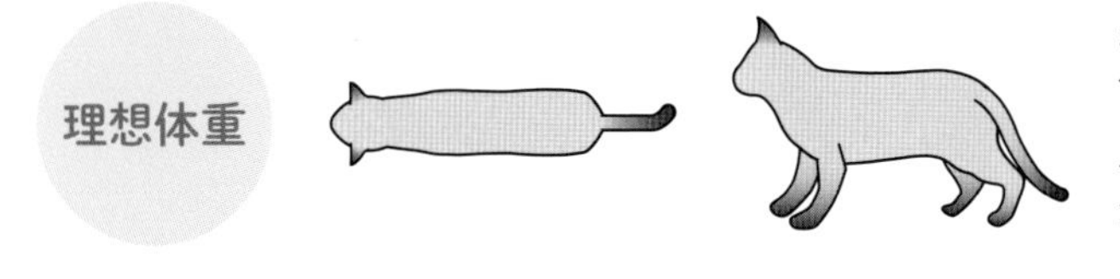

わき腹をなでると脂肪の下に肋骨が確認できる。上から見ると腰のくびれがわずかに見られる。

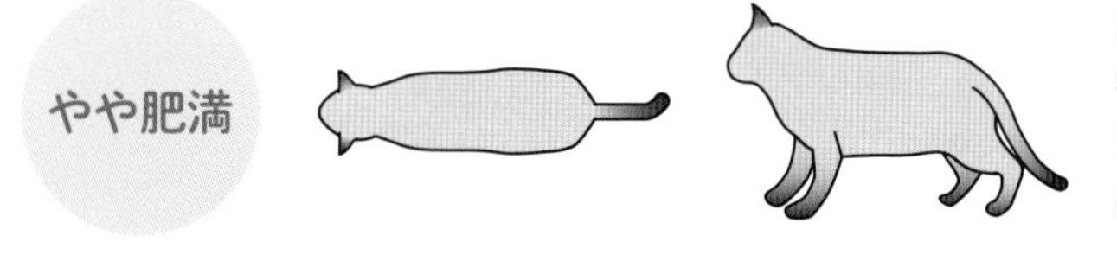

肋骨は脂肪で覆われ、横から見るとお腹がやや丸くなり、歩くとわき腹が揺れる。

上から見て腰のくびれはほぼ見られない。歩くとわき腹がさかんに揺れる。

うんちとおしっこをチェックする

排泄物の状態や排泄時の様子も猫の健康のバロメーターとなる。健康なときの状態を把握しておき、「いつもと違う」と感じたら病気の可能性を疑い、必要に応じて動物病院を受診しよう。

健康なうんちの目安

- 排便の回数
  1日1～2回。
- 形・硬さ
  人の親指ぐらいの大きさで少し湿り気がある。
- 色
  食べているフードより少し濃い。

病気かも？

- 1日以上1度もうんちが出ない（便秘）。
- 水のようなうんちややわらかいうんち（下痢）。
- 白いうんち、真っ黒いうんち、赤い血が混ざっているうんち。
- 白いひものようなもの（寄生虫）が混ざっている。

ワタシは
キレイ好きニャのよ

健康なおしっこの目安

●おしっこの回数
1日1～3回。
●色
うすい黄色
●量
体重1kgあたり1日50ml以下

病気かも？

●1日5回以上おしっこをする。
●いつもより色がうすい。
●色がピンク色や赤色。

トイレでの様子で病気に気づくことも

排泄物のチェックだけでなく「トイレにいる時間が長い」「不自然な姿勢で排泄している」「声を出す」など、排泄の様子にいつもと違うことがないか確認するのも大切。

猫は自分で毛づくろいをするけれど、特に長毛種は毛玉ができやすいので、毎日のブラッシングが必須。毛玉を放っておくと皮膚炎や嘔吐の原因になるよ。

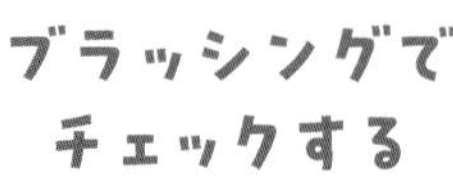

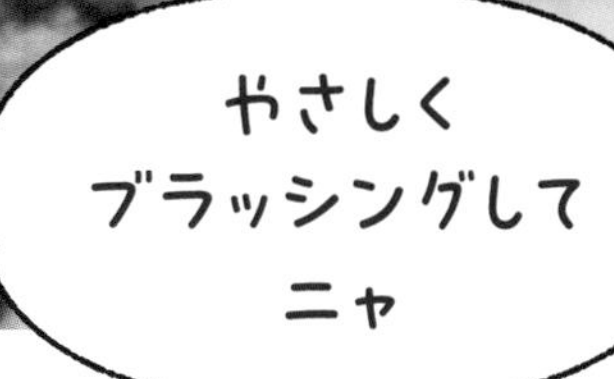

長毛種

毎日ブラッシングしてあげる。長い毛の根元まで入るスリッカーブラシがおすすめ。

短毛種

春と秋の換毛期と、毛玉が目立つときにしてあげる。軽くなでるだけで抜け毛が取れるラバーブラシがおすすめ。

ブラッシングをしてみよう

まずは全身をなでて、毛玉があれば手ぐしでほぐしてあげる。

ブラッシングが嫌いだったり、触られるのがイヤな場所があったりする場合も。無理に1回で行おうとしないで様子をみて。

毛玉だけでなく健康状態もチェック

＼気持ちいいニャ～／

毛玉や抜け毛対策だけでなく、ブラッシングをしながら全身を触ってあげて、痛がるところはないか、皮膚に問題はないかを確認しよう。

ブラッシングには血行を良くする、皮膚病を予防するなどの効果も

吐いた毛玉をチェックする

毛づくろいのときに飲み込んだ毛は、消化されずに胃の中で毛玉となり吐き出される。ただし「猫は吐くのが当たり前」と思っていると病気のサインを見逃すことがあるので注意しよう。

吐いたものは毛玉だけ？

胃の中にたまった毛玉を吐くのは猫の習性なので、あわてず様子を見てあげて。

注意
吐いたものに血が混ざっていたり、色のついた液体や泡を吐いたときは、何かの病気のサインかも。

注意
吐く回数が増えたときは、ストレスが原因で体をなめ続け脱毛している可能性。

吐こうとしているのに吐けないときは、胃の中で毛玉が大きくなりすぎているのかも。腸閉塞を引き起こすこともある。
注意

毛玉を吐く回数を減らすには

●ブラッシング
ブラッシングで抜け毛を取ってあげれば、毛づくろいのときに飲み込む毛の量を減らせる。

●猫草を食べさせる
猫草と呼ばれる葉は毛玉を体外に排出させる効果があるといわれ、食べると嘔吐や便と一緒に排出されやすくなる。

顔のパーツをチェックする

毎日見ている猫の顔に違和感を覚えたら、それは病気のサインかもしれない。ぱっと見ではわからない耳の中や口の中は、こまめに見てあげるようにしよう。

ボクの顔、いつもと違うところはニャい？

耳の病気

- 外耳炎
- 耳ヒゼンダニ症

口の病気

- 歯周病
- 口内炎

目の病気

- ウイルス性結膜炎
- 緑内障

顔のチェックポイント

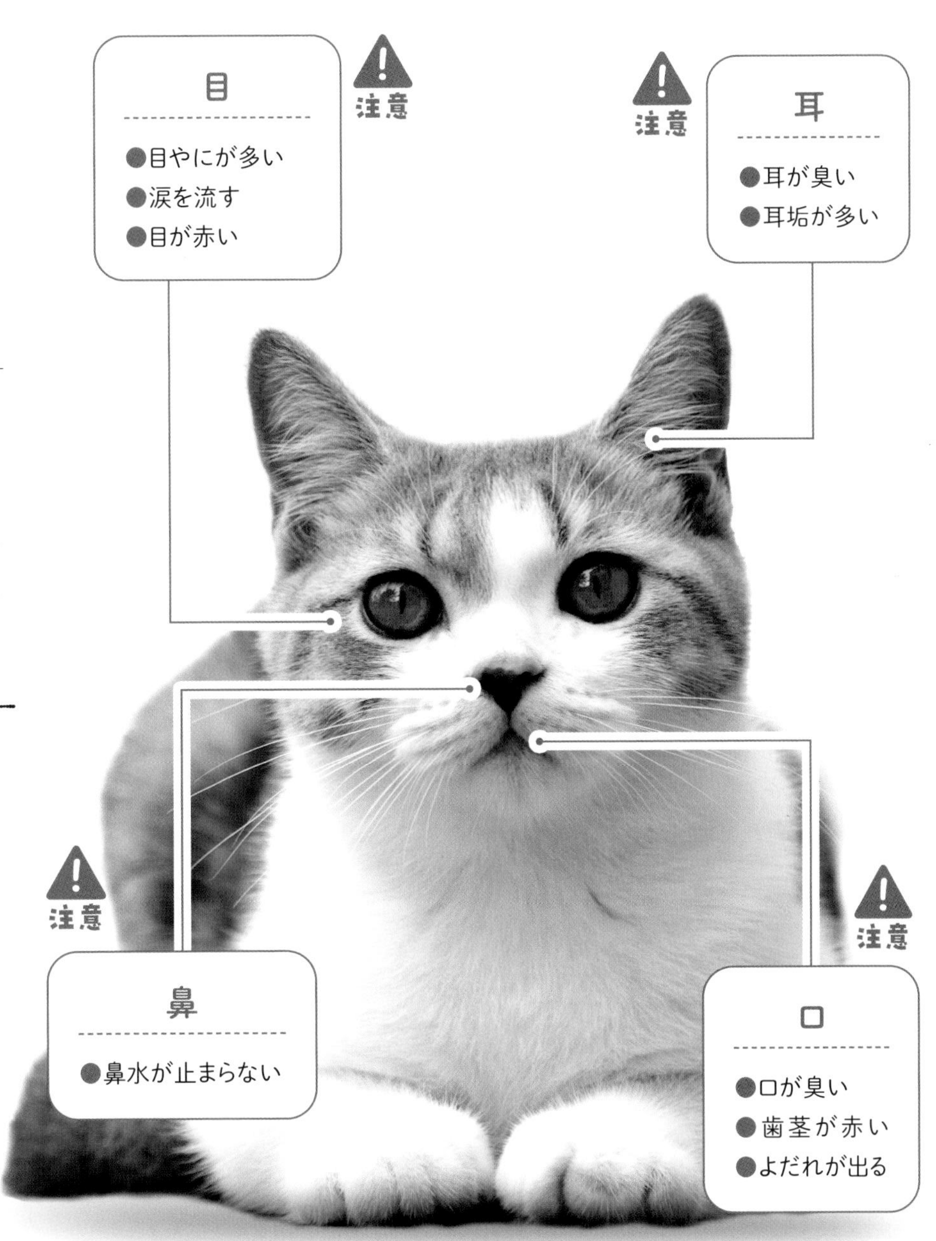
目
●目やにが多い
●涙を流す
●目が赤い
注意
耳
●耳が臭い
●耳垢が多い
注意
鼻
●鼻水が止まらない
注意
口
●口が臭い
●歯茎が赤い
●よだれが出る
注意

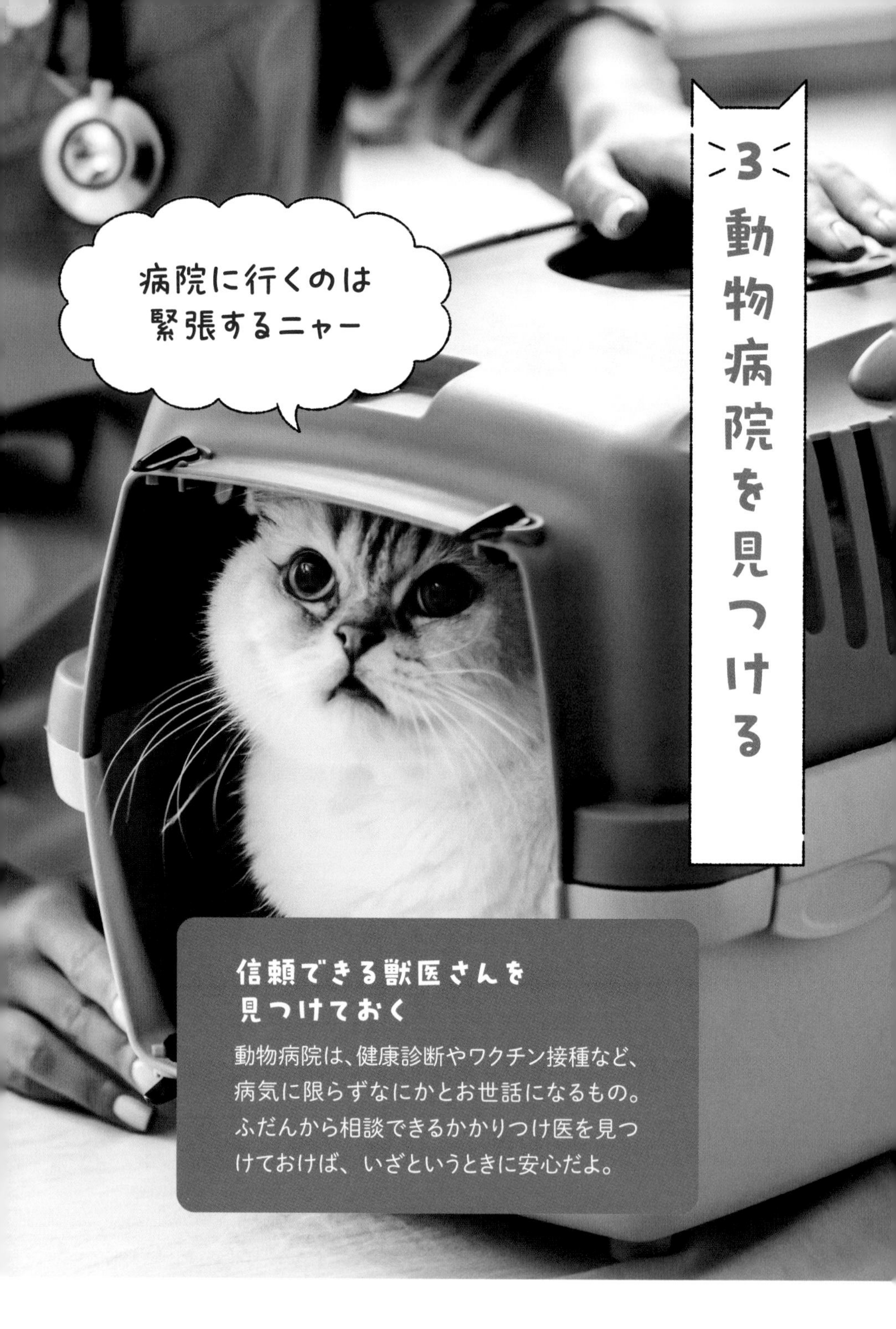

信頼できる獣医さんを見つけておく

動物病院は、健康診断やワクチン接種など、病気に限らずなにかとお世話になるもの。ふだんから相談できるかかりつけ医を見つけておけば、いざというときに安心だよ。

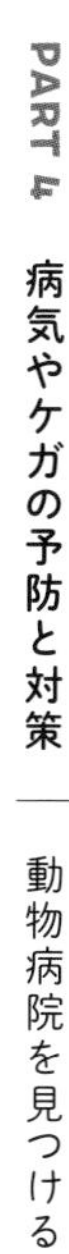

かかりつけ医の選び方

家から近い

院内が清潔

スタッフの
対応がよい

説明が
わかりやすく
丁寧

ホームページが
しっかりしている

獣医師が
猫好き

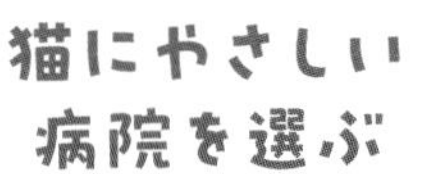

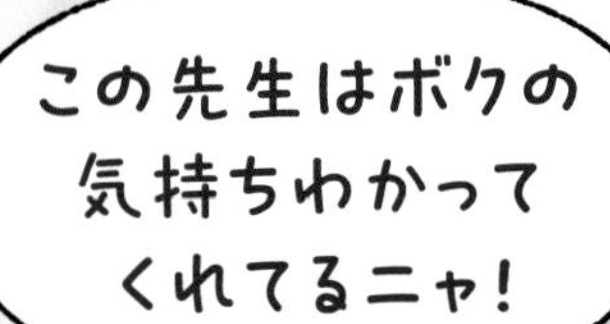

もともと猫は慣れない場所が苦手。最近はそんな猫の気質に配慮した病院が増えている。猫専門の病院もあるんだ。

猫にやさしい病院の特徴

- 待合室が猫と犬で分かれている
- 猫専用の診療時間が設けられている
- 猫を専門としている獣医師がいる

キャット・フレンドリー・クリニックとは

国際認定機関が定めた「猫にやさしい病院」の国際基準の規格を満たした動物病院。100以上ある規格をどれだけ満たしているかによりゴールド・シルバー・ブロンズの3つのレベルが設定されている。

動物病院に慣れる

ふだんお家で過ごすのがほとんどな猫にとって病院の受診は大きなストレス。できるだけイヤな思いをしないように工夫して、病院へ行くことに慣れさせよう。

スムーズに受診するためのコツ

- 使い慣れたタオルなどでキャリーケースを覆ってあげる
- 待合室ではキャリーケースを床に置かない
- 病気以外のときも病院に行く機会をつくる
- ごほうびのおやつを用意しておく
- キャリーケースを部屋に置きふだんから慣らしておく

健康診断を受ける

猫は痛みの表現を示さないので、体の不調に気づきにくい。具合が悪いとどこかに隠れてしまうこともある。病気に気づいてあげるには、定期的に健康診断を受けることが大切だよ。

10歳以上：半年に1回

慢性疾患がある場合は
こまめに受診

年に1度は病院へ

病気の早期発見のためにも、例えば毎年誕生日に健康診断を受けるなど、受診日を決めておきたい。

～9歳：1年に1回

健康診断の主な内容

内容と費用を確認しよう

健診の内容と費用は病院によって違いがある。診断の結果、さらに詳しく検査する場合もあるので、獣医師に確認、相談しよう。

尿検査

レントゲン検査

血圧測定

触診

血液検査

超音波検査

聴診

問診

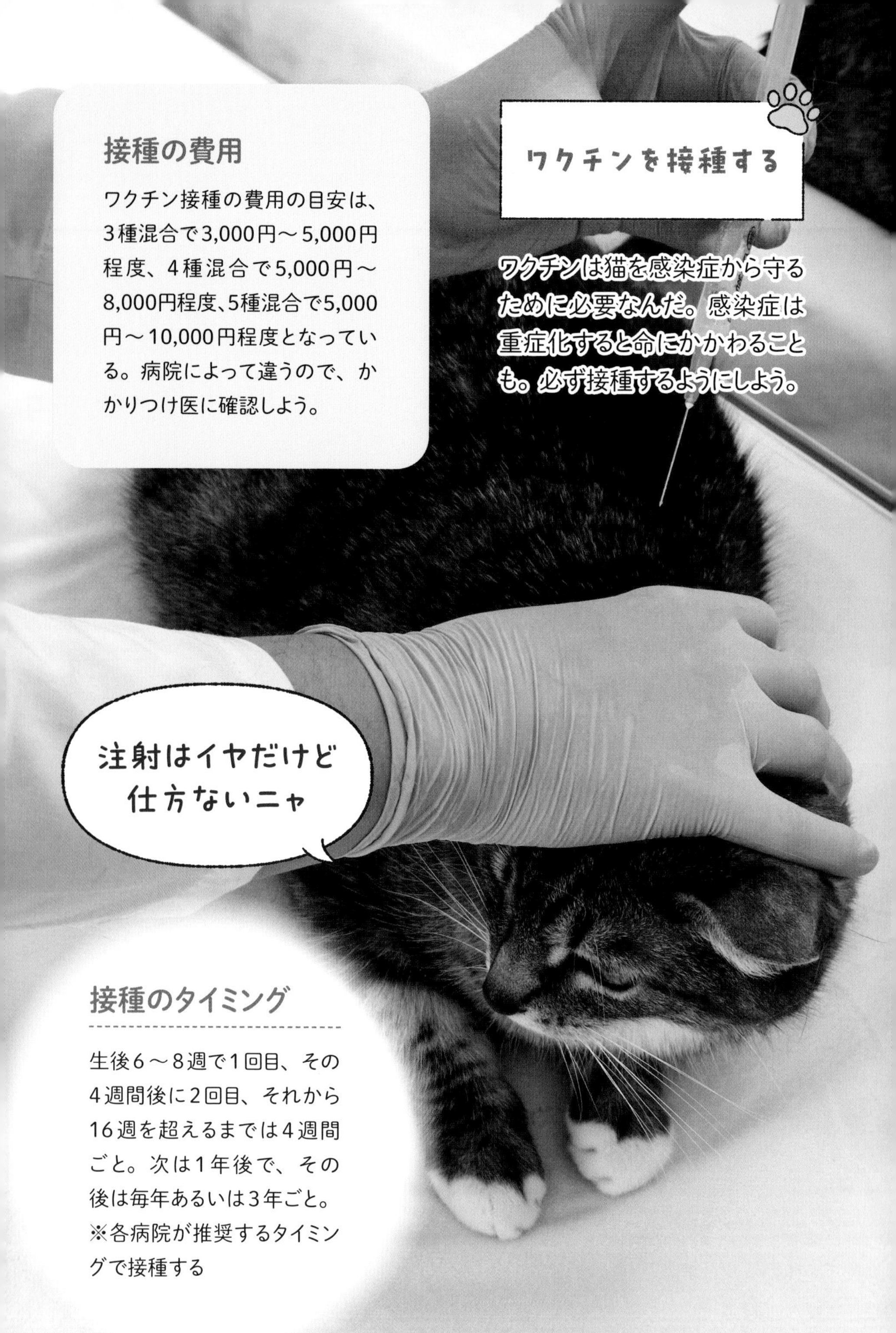

ワクチンを接種する

ワクチンは猫を感染症から守るために必要なんだ。感染症は重症化すると命にかかわることも。必ず接種するようにしよう。

接種の費用

ワクチン接種の費用の目安は、3種混合で3,000円～5,000円程度、4種混合で5,000円～8,000円程度、5種混合で5,000円～10,000円程度となっている。病院によって違うので、かかりつけ医に確認しよう。

注射はイヤだけど仕方ないニャ

接種のタイミング

生後6～8週で1回目、その4週間後に2回目、それから16週を超えるまでは4週間ごと。次は1年後で、その後は毎年あるいは3年ごと。
※各病院が推奨するタイミングで接種する

ワクチンの種類

もっとも一般的なのは3種混合ワクチン。生活環境など必要に応じて4種、5種混合ワクチンもあるので、かかりつけ医に相談しよう。

	3種	4種	5種
猫伝染性鼻気管炎	●	●	●
猫カリシウイルス感染症	●	●	●
猫汎白血球減少症	●	●	●
猫白血病ウイルス感染症		●	●
クラミジア感染症			●
猫免疫不全ウイルス	単独接種		

接種前後の注意

熱がある、食欲がない、病気の治療中といった場合は接種を避けよう。接種後はなるべく激しい運動をさせないようにしよう。顔が腫れる、体を痒がる、嘔吐、下痢、痛みなどの症状が出た場合はすぐに病院へ。

避妊・去勢手術を受ける

猫にとって避妊・去勢手術をすることは、ストレスの軽減や病気の予防につながるんだ。攻撃性が緩和されて問題行動が少なくなり、穏やかに過ごせるようになるよ。

手術したらストレスがなくニャってうれしいニャ

費用の目安

15,000円～
25,000円

去勢手術（オス）

生後半年を目安に手術する。日帰り手術が可能。術後はマーキングが大幅に減り、穏やかな性格になる。

避妊手術（メス）

生後半年を目安に手術する。開腹手術になるので、1泊程度の入院。術後は手術痕をなめないように抜糸するまで1週間程度エリザベスカラー、術後ウェアを装着する。

費用の目安

25,000円～35,000円

手術後の注意

ホルモンバランスの変化で代謝が落ち、太りやすくなる。食事量を見直す、体重増加に配慮したフードに切り替えるなどのケアをしてあげて。

＼ 太っちゃったニャ ／

動物病院でこんなこともしてくれる

病気の診療に限らず病院ではさまざまなケアをしてくれるよ。ふだんから病院で獣医師さんと触れ合うことで、病気を未然に防ぐことができるかも。

- 病気の診察
- 健康診断
- ワクチン接種
- 内部・外部寄生虫予防

栄養指導

- 体重管理
- ダイエット指導
- 食事療法

爪切り

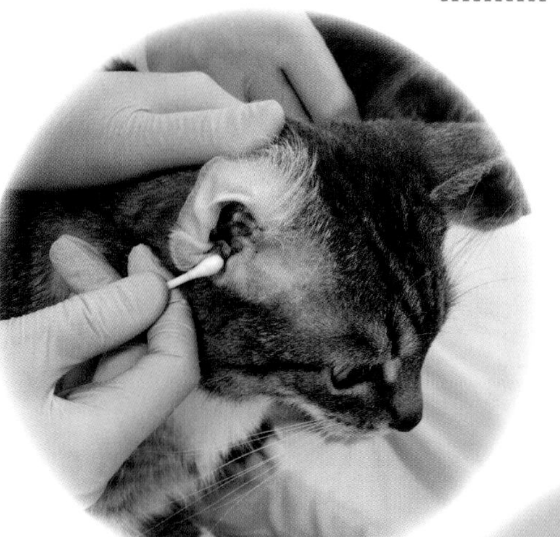

耳掃除

毛玉取り

歯みがき

肛門腺絞り

（お尻がムズムズしてかゆがっているとき）

薬の飲ませ方は病院で相談しよう

動物病院で薬を処方されたときは、正しい薬の飲ませ方を動物病院で必ず聞くようにしよう。錠剤、粉薬、シロップなど薬のタイプによって飲ませるコツも違うので、都度、教えてもらうようにしよう。薬をおやつに包み込んで一緒に食べることができる投薬補助フードもあるので、獣医師の指導のもとで利用してみて。

老齢期の猫との過ごし方

1

老齢期の猫に見られる変化

12歳を超えたら老齢期

室内で生活する猫の平均寿命は約16歳といわれるんだ。元気そうに見えても、歳を重ねればさまざまな変化が見られるようになる。きちんとケアしてあげられるよう、老化のサインを見逃さないようにしよう。

できないことが
増えてきたニャー

体の変化をチェックする

毛質が悪くなり
毛の量も減った

痩せてきた

グルーミングをしなくなり
毛玉が増えた

耳が
遠くなった

鳴き声が
大きくなった

爪とぎをしなくなり
爪が伸びている

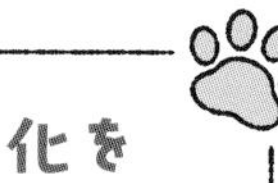

行動の変化を
チェックする

寝ている時間が増えた

ご飯を食べる量が減った

フードの好みが変わった

カリカリは
食べにくいニャ

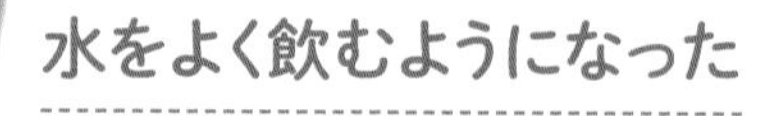

水をよく飲むようになった

高い所に登らなくなった

じゃれなくなった

攻撃しなくなった

トイレを失敗するようになった

抱っこされるのが好きになった

2 年齢にあった暮らしかた

生活環境を見直す

猫も人間と同じで、歳をとると体の自由がきかなくなり、できないことが増えてくる。シニアになってもできるだけ快適に暮らせるよう、生活環境を整えてあげよう。

高齢になると、猫の体に必要な栄養バランスが変わるので、年齢にあったフードを選ぶことが大切。食器や食べる場所も見直そう。

歯やアゴが弱くなった、歯周病が進んで痛みがあるなどの理由で硬いフードを食べなくなることも。それぞれの状態にあわせ、ウェットフードを用意する、ドライフードをふやかしてあげるなどの工夫をしてあげて。

食器を見直す

ごはんを食べるときの体勢がつらい場合も。食器の下に台を置いて高さを調整する、角度を調整するなどの工夫をしてあげて。

猫の気持ちを読み取ろう

高い所へ上りたいのに上れない様子であれば、スロープをつけるなどの工夫をしてあげよう。安全を最優先に足場を整えて。

バリアフリーの工夫をする

高い所への上り下りが大好きだったのに、加齢のため脚力が弱くなり、お気に入りの場所まで行けなくなることも。また、高い所から転落してケガをしないように注意して見守ってあげよう。

上りたいけど
おっくうだニャ

病気が潜んでいることも

高い所から下りられないときは、よく様子を見てあげて。関節炎などで痛みを感じている可能性もある。気になる場合はすぐに病院に受診しよう。

トイレも入りやすく

入り口をまたいで入るトイレでは、
出入りが負担になっている場合も。
スロープをつける、トレイのフチを
切り取るなど、段差をなくす工夫を。

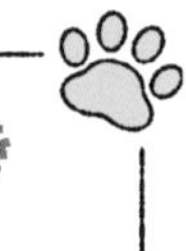

グルーミングを手伝う

高齢になった猫は、自分であまり毛づくろいをしなくなる。毛づくろいをしないと毛玉ができて皮膚炎などの原因にもなるから、こまめにブラッシングしてあげよう。

若いときは
自分でできるのニャ

口の周り、お尻の周りをきれいに

食事の後は口の周りを、トイレの後はお尻の周りを湿らせたガーゼなどできれいにしてあげよう。

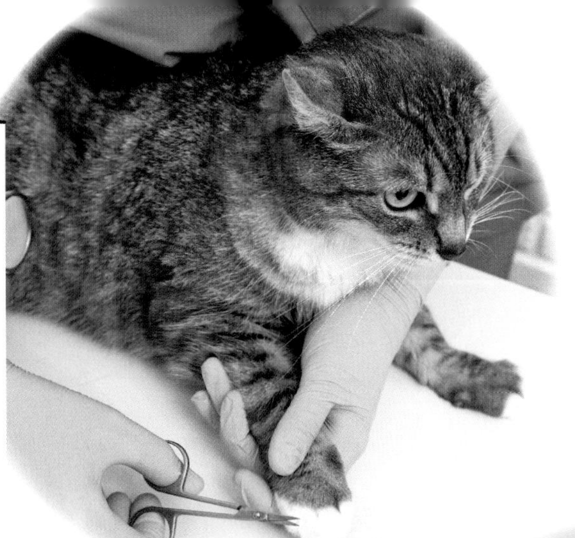

爪切りもしっかり

歳をとった猫は、爪とぎもあまりしなくなる。爪が伸びすぎると肉球を傷つけることもあるから、こまめに切ってあげよう。

歯のトラブルも増えるから
歯みがきもお願いニャ

皮膚の様子や痛みのチェックも

毎日のブラッシングと同時に全身を触って健康状態をチェックしよう。痛がるところはないか、急に痩せたりしていないかなど、不調に早めに気づいてあげることが大切。

おもちゃで遊ぶ

歳をとった猫は遊びにも興味を持たなくなることが多いけど、体力維持のためにも一緒に遊んであげることが必要。若い頃とは少し遊び方も変わってくるよ。

おもちゃは若いときのものでOK

子猫の頃のような激しい遊びはできないけれど、小さい頃からのお気に入りのおもちゃを使って、体の負担にならない程度にゆったりと遊んであげて。

無理せず猫のペースで

あまり長時間になると疲れてしまうので、1回の時間は短く、1日数回遊んであげるようにしよう。

平面での動きを意識して

若い頃は上下の運動が中心だったけれど、筋力が落ちて転落の危険もあるので、平面で動ける遊びを取り入れよう。

疲れるからあんまり
遊びたくないニャ

遊びは認知症の予防にも効果的

猫も人と同じように、高齢になると認知症の症状が現れることがある。ふだんの遊びは体力の維持だけでなく、脳を刺激することで認知機能の維持にも効果がある。

マッサージをする

加齢であまり動かなくなると、関節が固まってしまう恐れがある。遊びに誘っても動きたがらない場合は、全身をマッサージして血流をよくしてあげよう。

注意

- 力を入れすぎない
- 時間をかけすぎない
- 猫が嫌がったら
すぐにやめる

マッサージのしかた

膝の上にのせ、猫がリラックスした状態でマッサージをはじめよう。猫が嫌がったらすぐにやめること。無理にすると逆効果になるよ。

- 手のひらで全身をやさしくなでる
- かんたんな足の曲げ伸ばし

10歳を超えた猫は、年に2回程度健康診断を受けるのが理想。定期健診以外でも、気になることがあればすぐにかかりつけ医に相談しよう。

動物病院で診てもらう

加齢ではなく病気が原因かも？

- 食欲がない
- 水をたくさん飲む
- あまり動かなくなった
- 高い所から下りられなくなった

老齢期にかかりやすい病気

老齢猫の場合、様子の変化を加齢が原因だと思い込んで、病気のサインを見逃しがち。病気の早期発見・治療のためにも、すぐに相談できるかかりつけ医がいると安心。

コラム

栄養補給に サプリメントを利用する

サプリメントは、ふだんの食事ではまかないきれない栄養成分を摂取するためのもの。日頃から「総合栄養食」のフードで必要な栄養素を十分とっていればサプリメントを摂取する必要はないと思われがち。若いころからの健康維持や不調が起こりやすい老齢期など、サプリメントを与えることで、体力の維持や病気になりにくい体づくり、生活の質向上などが期待できる。動物病院で相談して、それぞれの症状に適したサプリメントを選んでもらうといいだろう。

獣医さんに聞きたいQ＆A

多頭飼いは何匹までOK？

猫同士の相性が良くなかった場合、
お互い距離をとって過ごさせる必要があります。
多頭飼いを考えるなら、
すべての猫が別々の部屋で過ごすことになることも想定し、
1匹に1部屋用意できることが理想です。
家の広さが猫の数に見合うかどうか考えましょう。
猫は基本的に単独で行動する動物です。
人間が勝手に「仲間がいないと寂しいのでは？」と思っているだけで、
ほかの猫が入ってくることで
逆にストレスになってしまうかもしれないことを覚えておきましょう。

Q
外をお散歩させてもいい？

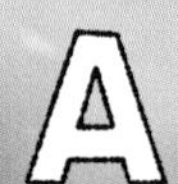

事故に遭ったり感染症にかかったりする恐れがあるので、
屋外に出すのは推奨しません。
大きな音などでパニックになり、
駆け出して迷子になってしまうことも。
猫が外に行きたがるのは、縄張りを確認するため。
一度も外に出たことがない猫を
わざわざ外に連れ出す必要はありません。
ただ、家の中だけではどうしても運動不足になりがちなので、
肥満防止のため遊び方を工夫し、
食事管理もしっかりするようにしましょう。

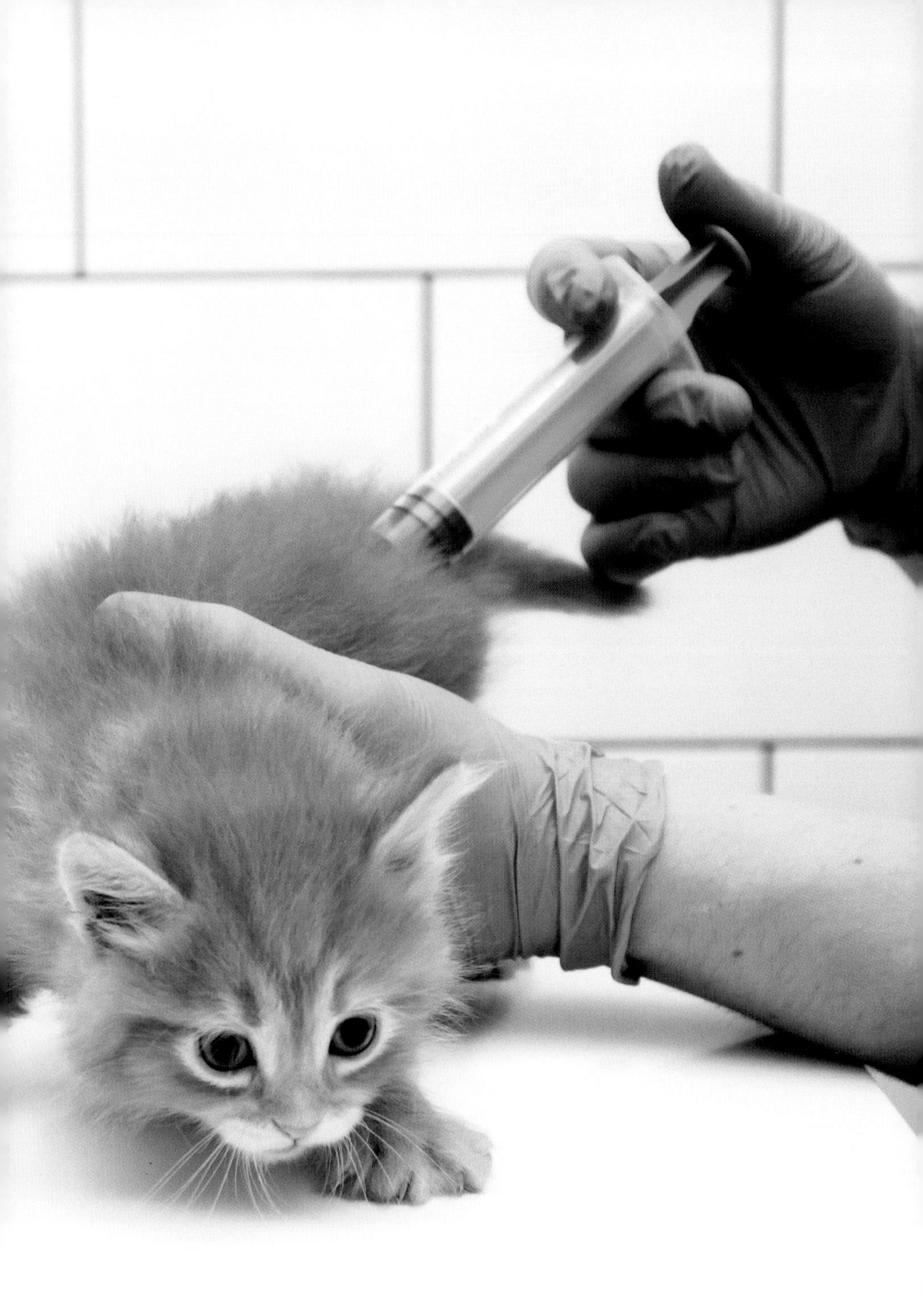

マイクロチップの装着は必須？

マイクロチップとは、
猫や犬の個体を識別するための情報が入ったカプセルで、
皮下注射で体内に埋め込まれます。
動物愛護管理法により、
ペットショップなどで販売される犬や猫への
マイクロチップの装着・登録が義務付けられています。
保護猫を譲り受けた場合は任意です。
マイクロチップが装着された猫を譲り受けた場合は
変更登録が必要になります。
迷子になったときや災害時など万が一のことを考えて、
マイクロチップは任意であっても装着することをおすすめします。

Q

飲み水は水道水でOK？

A

水道水にはカルキなどの不純物が含まれるため、人同様、浄水したもののほうがおいしく飲めるでしょう。ミネラルウォーターにはミネラルが多く含まれているので、尿結晶などのリスクがあります。

Q 服を着せてもいい？

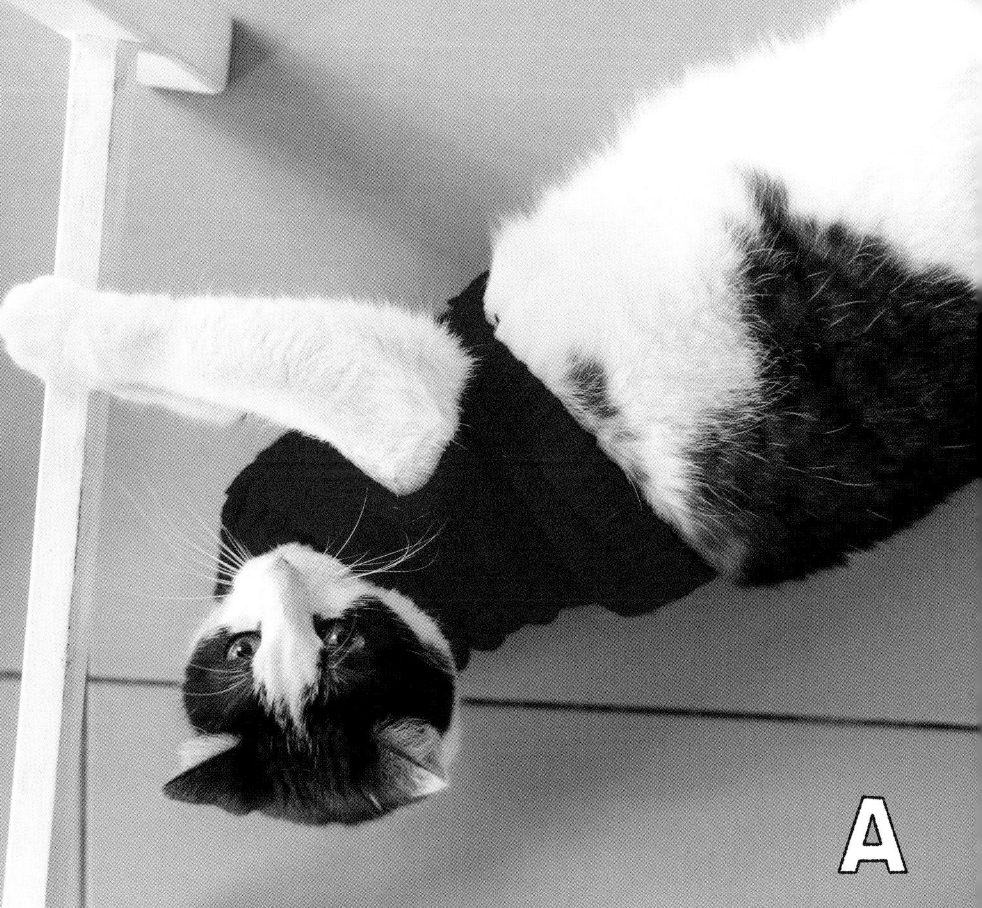

A

猫も飼い主もうれしいのであればOKです。ただし、猫が嫌がっている場合はNGです。
また、ケガをしているときや皮膚病のときは、患部の保護のため有用です。こまめに清潔な服に着せ替えるようにしましょう。特に長毛種では毛玉ができるので着せっぱなしには注意が必要です。
慣れていないと動きにくく、ストレスになるので注意しましょう。

おわりに

猫の行動は人間からすると不可解なものもあり、見ていてとても楽しくなります。私が小学生のころ母方の実家に行くと、私の肩に飛び乗る猫がいました。私にすり寄ってくるその行動に魅了されて猫好きになりました。

猫の毛色は何が好きですか？　尾は鍵しっぽ、まっすぐどちらが好きですか？　など、猫好きが集まるといろいろな話が尽きません。猫にまつわることわざや慣用句は日本にもたくさんあり、有名なものは〝猫に小判〟〝ネコババ〟〝猫をかぶる〟〝借りてきた猫〟〝猫の手も借りたい〟などで、日本人との長年の良好な関係性が伺えます。三毛猫のオスは航海のお守りになるとの言い伝えから、白瀬矗（しらせのぶ）が南極探検に向かうときに連れて行ったのが〝タケシ〟という名前の猫でした。私も以前、二子玉川に存在した〝いぬたま・ねこたま〟という施設で、三毛猫のオスを拝見しましたが、遠くてオスであるかの判定はできませんでした。また、三毛猫、鍵しっぽの猫、白猫、オッドアイの猫は、幸運を招く猫として重宝されています。

私は小学生の時から猫を何頭も飼育してきました。そのうちの一頭の白猫は〝2月22日猫の日〟に亡くなったまさに〝ネコ道〟を全うした猫で

したが18歳という年齢でした。ギネス記録はアメリカのクリームパフという名前の猫で38歳と3日の寿命を全うしたそうです。獣医療の進歩によって、今後の猫がこれぐらいの長寿が実現できる日が来ると良いと思っています。

伊藤裕行

著者
獣医師
伊藤裕行（いとう・ひろゆき）

一般社団法人どうぶつ予防医療協会代表理事、日本獣医再生医療学会常務理事、苅谷動物病院グループ市川総合病院顧問。酪農学園大学獣医学科卒業。製薬メーカー勤務を経て、動物病院に勤務。ペットの健康寿命と幸福寿命の延伸を目指すため、熱意を持って動物医療に取り組んでいる。どうぶつ予防医療協会で猫の健康寿命を伸ばすための情報を発信中。

一般社団法人どうぶつ予防医療協会
https://apma-yobo.org/

~病気にならない猫の飼い方~
ころばぬさきのねこ

2023年6月26日初版第1刷発行

著者	伊藤　裕行
発行者	津嶋　栄
発行	株式会社フローラル出版 〒163-0649 東京都新宿区西新宿1-25-1 新宿センタービル49F＋OURS内 TEL　03-4546-1633（代表） TEL　03-6709-8382（注文窓口） 注文用FAX　03-6709-8873
メールアドレス	order@floralpublish.com
出版プロデュース	株式会社日本経営センター
出版マーケティング	株式会社BRC
企画プロデュース	佐藤優樹（AIP合同会社）
印刷・製本	株式会社ティーケー出版印刷

乱丁・落丁はお取替えいたします。ただし、古書店等で購入したものに関してはお取替えできません。定価はカバーに表示してあります。本書の無断転写・転載・引用を禁じます。
@Hiroyuki Ito / Floral.Publishing.,Ltd.2023 Printed in Japan
ISBN 978-4-910017-40-2　C2077